SOCIÉTÉ
ROYALE
D'AGRICULTURE, HISTOIRE NATURELLE
ET ARTS UTILES DE LYON.

EXPOSITION
DE
FLEURS
ET D'AUTRES
PRODUITS DE L'HORTICULTURE.

LYON,
IMPRIMERIE DE J. M. BARRET.

1837.

SOCIÉTÉ
ROYALE
D'AGRICULTURE, HISTOIRE NATURELLE
ET ARTS UTILES DE LYON.

EXPOSITION
DE
FLEURS
ET D'AUTRES
PRODUITS DE L'HORTICULTURE.

LYON,
IMPRIMERIE DE J. M. BARRET.

1837.

AVANT-PROPOS.

Ce fut d'abord en Hollande, ensuite en Angleterre, qu'ont eu lieu les premières Expositions publiques et solennelles de fleurs, et c'est encore dans ces pays classiques de l'agronomie que ces concours sont le plus nombreux et le plus brillans. Il n'y s'agit pas seulement de récompenser les producteurs les plus habiles et les plus soigneux, mais encore de leur offrir de vastes moyens de vendre les objets exposés ; et l'on sait quel est le prix que de riches amateurs de la Hollande ou de la Grande-Bretagne mettent à une fleur rare, extraordinaire, à un simple oignon d'une tulipe curieuse.

Nous sommes entrés fort tard dans cette carrière. Cinq ans à peine se sont écoulés depuis qu'on a vu, en France, la première exposition publique de fleurs. Le lieu, choisi pour cette solennité, fut la grande Orangerie des Tuileries, et la dernière qui y a été célébrée a été la plus brillante de toutes.

Ce n'est pas la seconde ville de France, qui a d'abord imité la capitale : ce sont Nantes, Lille, Meaux et Angoulême, qui se sont empressées de suivre son exemple.

La Société d'agriculture de Lyon avait néanmoins senti, depuis plusieurs années, la nécessité d'encourager l'horticulture autour de cette cité; elle avait fait aux jardiniers et aux pépiniéristes un appel qui avait été entendu, et plusieurs honorables récompenses avaient été décernées.

Ces véhicules d'une noble émulation n'ont pas paru suffisans; aussi la Société s'est-elle empressée d'adopter la proposition que lui a présentée l'un de ses membres, M. Lacène, et Lyon a vu une belle et nombreuse exposition publique de fleurs. Ce spectacle a d'autant plus étonné la population de cette grande ville, qu'il s'est déployé à la suite d'une longue intempérie qui avait ralenti et presque arrêté la végétation printanière. On a été sur le point de renvoyer l'exposition à un autre temps ; néanmoins, comme on l'avait annoncée d'une manière authentique, on s'est cru lié par un engagement, et l'exposition a été ouverte, au jour marqué, c'est-à-dire le 2 juin.

Elle a duré trois jours consécutifs, durant lesquels les objets envoyés au concours ont été exposés aux regards du public, et le 5 juin a eu lieu la séance publique de distribution des récompenses.

L'objet de cette solennité intéressante et nouvelle dans nos murs avait attiré une grande affluence.

M. le Préfet, président d'honneur de la Société, a occupé le fauteuil. Il a ouvert la séance par un discours.

M. Jurie, président ordinaire, a parlé ensuite.

M. Seringe, secrétaire du Jury de l'exposition, a terminé la séance par la lecture du procès-verbal des opérations de ce même Jury.

MM. les horticulteurs, qui avaient été jugés dignes des récompenses, sont venus les recevoir des mains de M. le Préfet président, au bruit des applaudissemens et des fanfares, et la Société, en votant l'impression des communications qui ont rempli cette séance, a arrêté que le Mémoire de M. Lacène serait également imprimé pour être joint aux deux discours, à la décision du Jury, et au programme de l'exposition.

NOTICE

SUR LE

MARCHÉ AUX FLEURS DE LYON,

SUR LES SOCIÉTÉS D'HORTICULTURE,

ET PROPOSITION D'UNE EXPOSITION PUBLIQUE DE FLEURS,
POUR LES PREMIERS JOURS DE JUIN 1837.

Par M. Lacène,

MESSIEURS,

Vous avez chargé une Commission spéciale de vous faire, de temps à autre, un rapport sur l'état du marché aux fleurs de Lyon, d'examiner les cultures diverses de nos jardiniers-fleuristes, et de vous rendre compte de ses progrès. Votre sollicitude pour l'horticulture, cette aimable sœur de l'agriculture, ne s'est pas bornée là; vous avez arrêté que des prix, des médailles, ou des éloges seraient accordés aux jardiniers qui se distingueraient par l'abondance, la beauté, ou la rareté des plantes. Les jardiniers tailleurs d'arbres fruitiers, ceux surtout qui taillent le pêcher, le plus bel arbre, sans contredit, de nos jardins, mais aussi le plus difficile à bien conduire, sont également appelés aux mêmes récompenses; elles exciteront, n'en doutez pas, une noble émulation. (1)

Un membre de votre Commission vous a fait un rapport intéressant sur ce marché, pendant une partie de l'année qui vient de s'écouler. Cet état n'était pas prospère; la cause de ce peu de succès est due au long hiver de 1836, à un commencement de mois de mai, qui, par sa froidure et ses neiges, rappelait toutes les rigueurs de janvier. Nous n'avons point eu de printemps,

(1) Puisqu'il est question du pêcher, trouveriez-vous hors de propos, a dit M. Lacène, qu'au nom de votre Commission, je vinsse proposer à vos suffrages un habile jardinier d'Écully qui a étudié ce bel arbre avec un soin tout particulier. Après avoir fait ses premières études sous la direction de son père, qui lui-même avait reçu ses premières instructions de notre célèbre abbé Rozier, M. Gabriel Luizet, dont il est ici question, s'est livré avec autant de zèle que d'intelligence à la culture de cet arbre si intéressant sous le rapport de l'abondance, de la beauté et de l'excellence de ses fruits; M. Luizet, par la régularité presque géométrique et l'étendue qu'il sait donner aux branches du pêcher, a prouvé ce que cet arbre peut devenir sous une main habile à le bien conduire. On peut aller voir, dans sa propriété d'Écully, trente pêchers de 4 ans, et d'autres de 8 à 10 ans, qui tous sont d'une régularité bien remarquable.

Votre Commission, après avoir examiné et comparé la taille du pêcher chez plusieurs jardiniers, a reconnu une supériorité incontestable à celle de M. Luizet.

comme le fait observer M. Hénon dans son rapport, et, à peine échappés à un hiver des plus sévères, nos jardiniers ont eu à souffrir d'un soleil dévorant et d'une sécheresse de près de trois mois; les fleurs étaient brûlées presqu'aussitôt qu'épanouies. Les efforts de nos jardiniers pour réparer leurs pertes ont été impuissans.

Il était facile de s'en apercevoir au petit nombre de plantes mises en vente, et principalement à deux époques très remarquables de l'année, le marché de la St.-Jean, et surtout celui du 15 août, jour de l'Assomption. Les jardiniers-fleuristes s'y préparent à l'avance, et aucun ne manque d'accourir à ce rendez-vous de Flore. C'est le jour de l'année où le marché est le plus abondamment fourni : l'affluence des acheteurs est presque double des autres jours. Malgré toutes ces considérations, ordinairement si puissantes, le marché des 14 et 15 août 1836 n'était remarquable ni par l'abondance, ni par le choix de ses fleurs. J'ai eu la patience de faire le relevé de tout ce que contenait ce marché, et cette triste nomenclature m'a prouvé combien nous étions en arrière et loin de ce qui se passe le même jour à Paris. Ce jour est aussi, pour la capitale, l'occasion d'une grande réunion de tous les jardiniers et d'une foule d'acheteurs des environs, qui viennent s'approvisionner à ce marché. Ce qui s'y passe est assez curieux, et, comme objet de comparaison avec le nôtre, peut nous intéresser.

Un membre distingué de la Société d'horticulture de Paris, M. l'abbé Berlèse, chargé de faire un rapport sur le Marché aux fleurs du 14 août 1835, s'exprime ainsi :

« Il était quatre heures du matin, lorsque » j'abordai le marché : impossible d'y pénétrer. » Toute l'enceinte était couverte, remplie, en- » combrée de plantes qui en défendaient l'entrée ; » les ventes même se pratiquaient en dehors » des bornes qui entourent le marché. Des voi- » tures, venues de la Banlieue, se remplissaient » à coup-d'œil, sans marchander, et partaient, à » la hâte, chargées de fleurs.

» Les marchands-revendeurs de Paris se dis- » putaient avec les jardiniers étrangers, s'em- » pressaient d'emporter leur choix dans des » charrettes à bras, ou dans des hottes jardinières. » Les bouquetières de la capitale, mécontentes » du prix élevé produit par la nouvelle foule » commerçante, précipitaient, en murmurant, » leurs achats.

» Vers six heures du matin, il s'est opéré un » vide dans l'intérieur du marché ; je pus alors y » entrer, et observer les objets qui m'intéres- » saient. Quoiqu'aucune rareté bien précieuse

» ne vînt frapper ma vue, cependant le coup-
» d'œil magnifique que présentait cette masse
» immense de fleurs réunies m'étonna. Leur
» fraîcheur, leur éclat, la grâce avec laquelle
» elles étaient étalées, produisaient un tableau
» ravissant. Un pieux étranger, arrivé ce jour
» à Paris, aurait pris ce parterre fleuri pour le
» vestibule du temple de la Vierge sainte, dont
» le monde catholique allait célébrer la fête.

» Des Myrtes, des Grenadiers, des Lauriers
» de toutes les couleurs, à fleurs doubles, à
» fleurs simples, à fleurs panachées, occupaient
» les premières places du marché. Venaient en-
» suite en abondance les Roses du roi, les quatre
» saisons, les Bengales ordinaires, quelques
» Hermites, quelques *Triumphans*, beaucoup de
» Thés, Marie-Léonide, Philippe I.er, belle Tra-
» versi, la Noisette Deprés, quelques Multi-
» flores, beaucoup d'Hortensias, d'Héliotropes à
» grandes fleurs, des Passiflores *alata*, *racemosa*,
» des Jasmins ordinaires, d'Espagne, d'Arabie,
» du Cap; les Roses de Chine de toutes les
» nuances, des Œillets, beaucoup d'Hémérocalles
» blanches ou jaunes, de *Rochea falcata*, de
» *Lantana camara*, d'*Althæa* doubles et simples,
» blanches et pourpres, quelques *Asclepias car-*
» *nosa*, *curassavica*, et *tuberosa*. On y voyait
» beaucoup de Pervenches de Madagascar, plu

» sieurs variétés de *Datura*, quelques *Bigonia* » *capensis* et *pandorea*, beaucoup de Tubéreuses, » de *Volkameria japonica*, de *Plombago cœrulea*, » d'*Alestris*; une foule de Dahlias de toutes les » couleurs; une collection d'Amaranthes d'une » dimension extraordinaire, beaucoup de beaux » Géraniums. On y remarquait aussi quelques » arbustes couverts de fruits, tels que Poiriers, » Pommiers nains, Groseillers, Framboisiers, » de très beaux Ceps de vigne chargés de raisins, » de beaucoup d'Ananas. »

A cette nomenclature déjà assez nombreuse, M. Berlèse ajoute encore plus de 30 plantes dans les variétés plus précieuses ou plus nouvelles; mais je craindrais de vous fatiguer. Je nommerai seulement les *Clethra arborea*, les *Magnolia oxoniensis* et autres variétés, les *Ixora*, les *Burchelia capensis*, les *Gardenia*, les *Strelitzia reginæ*, les Calcéolaires, les *Erythrina crista galli*, les *Fuschia*, les *Amaryllis bella-donna*, et enfin un *Camellia* panaché très étonnant pour la saison.

« A 7 heures du matin, 27 voitures, chargées » de plantes vendues, venaient de quitter le » marché; à 10 heures, le tiers de la marchan- » dise avait disparu; à 6 heures du soir, il ne » restait plus que quelques fleurs ordinaires.

» D'après des calculs faits avec soin, on estime

» que le marché avait reçu trente mille pots de » 6 pouces qui, évalués à 1 fr. 50 c., ont pro- » duit 45,000 fr. »

Voilà certainement, Messieurs, un beau marché et un plus beau résultat encore. Il y a loin de là à notre modeste marché lyonnais. Cependant, si on réfléchit un moment à ce qu'était anciennement ce marché établi sur le quai de Villeroy, et à ce qu'il est devenu depuis dix ans, on ne peut méconnaître un progrès immense. J'en appelle à ceux qui, comme moi, ont le triste privilége de l'avoir connu il y a 40 ans : qu'y voyait-on alors? huit ou dix paysans, au plus; car on ne pouvait guère appeler jardiniers de véritables planteurs de choux qui apportaient dix à douze plantes des plus vulgaires à un public indifférent qui, ne trouvant là aucune fleur digne de fixer son attention, passait outre.

A l'époque du consulat à vie, ce marché avait déjà changé de face; le nombre des jardiniers et des plantes avait augmenté, quelques jolies fleurs s'y montraient de loin en loin, et, un ou deux ans après, les rosiers-bengales y parurent pour la première fois, et s'y vendaient de 3 à 5 francs, quand ils étaient greffés sur églantier. On ne tarda pas à reconnaître que le local, devenu trop petit, ne pouvait plus convenir. La voie publique était obstruée.

M. le comte de Sathonnay, maire de Lyon, rendit une ordonnance de police qui prescrivit la translation du marché aux fleurs du quai de Villeroy à la place des Célestins. Cette ordonnance est du 31 mars 1812 : c'est la première qui mentionne ce marché du quai Villeroy. Nous avons fait quelques recherches dans les almanachs de la ville, de la fin du dernier siècle, qui contiennent les ordonnances de police, et nous n'avons rien trouvé de relatif à son origine. Aux archives de la ville, il n'existe aucune trace du commencement de ce marché; d'où l'on peut conclure qu'il s'était établi de fait, et s'était ensuite peu à peu accru, comme nous venons de le voir, jusqu'en mars 1812, sans qu'aucun acte administratif en eût constaté ni régularisé l'établissement.

La prospérité de ce nouveau marché des Célestins fut rapide. Plusieurs véritables jardiniers, ayant des serres ou des baches, y apportèrent des plantes qui n'étaient connues que d'un petit nombre d'amateurs. Ils s'étaient établis sous les arbres de la place et dans les contre-allées en face du théâtre des Célestins. Ce théâtre, les nombreux et élégans cafés qui sont autour, attiraient déjà une assez grande affluence. Cette place des Célestins, si régulière, entourée de jolies maisons fréquentées par de jeunes femmes, et garnie de fleurs nouvellement exportées de

Paris, présentait un aspect très gracieux, et attirait la foule.

Déjà on connaissait une assez grande variété de roses, de jasmins, de chèvre-feuilles, d'iris, de renoncules, d'anémones, de metrosideros; les jolis et frais hortensias étaient très abondans : ils étaient entourés de lauriers-roses doubles et simples, de *camara*, de *pittosphorum*, de *rochea-falcata* aux fleurs écarlates, etc. Les camellias étaient, pour Lyon, dans leur nouveauté. Trois ou quatre jardiniers seulement en apportaient quelques-uns. Vu leur rareté, ils se vendaient 12. 15. 20. 25 et même 30 francs, lorsqu'ils étaient un peu forts et bien fleuris.

Le goût des fleurs se répandit avec rapidité; il n'était cependant pas tout-à-fait nouveau pour Lyon : nous le devons peut-être un peu, il faut le reconnaître, à l'établissement du jardin de la Déserte. Des administrateurs zélés et instruits y avaient déjà rassemblé, il y a plus de 25 ans, une collection de plantes et d'arbustes qui n'était pas sans mérite pour l'époque. Plus tard, des directeurs, comme l'illustre Gilibert, M. Dejean, le savant botaniste Balbis, et un autre que je n'ai pas besoin de nommer, et qui siége parmi nous (1), accrurent les richesses de ce beau jardin. Des

(1) M. Seringe, professeur de botanique, au Jardin-des-Plantes.

serres, une vaste orangerie furent construites, et les innovations les plus heureuses pour la distribution des plates-bandes et le placement des plantes et des arbustes furent exécutés. Mais alors, comme aujourd'hui, les fonds manquaient pour l'achat des plantes rares ou nouvelles, et pour porter cet établissement au degré de prospérité qu'il est appelé à atteindre un jour.

Le succès croissant du marché aux fleurs de la place des Célestins ne pouvait être de longue durée, il portait dans son sein les élémens de sa destruction : point de marché aux fleurs sans ombrage. Les arbres chétifs qui, dans l'origine, en donnaient un peu, avaient successivement disparu ; de nouvelles plantations d'arbres, faites dans un terrain qui ne leur convenait pas, quoiqu'exécutées avec beaucoup de soins, n'avaient pu réussir. Nous pensons que le peu de succès de ces plantations est dû principalement aux attaques, aux coups de pierres et de bâtons, aux ébranlemens continuels de la tige et des racines, causés par cette multitude de gamins qui abondaient sur cette place, et qui en avaient fait, en quelque sorte, leur quartier-général. Quoi qu'il en soit, ce marché, privé d'ombrage, exposé à toutes les ardeurs d'un soleil dévorant, ne pouvait plus convenir ni aux vendeurs, ni aux acheteurs. Sa translation fut arrêtée, au grand regret des propriétaires des maisons et des cafés de la place, pour qui ce marché était, tous les dimanches, une véritable fête floréale que rien ne pouvait remplacer.

M. le maire, de Lacroix-Laval, rendit, le 20 mars 1826, une ordonnance par laquelle le marché aux fleurs, plantes et arbustes devait cesser d'être tenu sur la place des Célestins, et serait transféré dans la grande allée au nord des tilleuls de la place de Louis-le-Grand. Ce nouveau local était mieux choisi que l'ancien, sous plusieurs rapports : sa vaste étendue, ses abords faciles, et l'ombrage à peu près satisfaisant, quoique pas assez touffu, laissent peu de chose à désirer. Cependant sa position est moins centrale que celle des Célestins ; son immense étendue est loin d'être un avantage : un local un peu resserré est plus favorable aux plantes, il les encadre mieux, elles ressortent avec plus d'éclat. Un bassin serait bien nécessaire, soit pour entretenir la fraîcheur des fleurs, soit pour abattre une poussière bien incommode aux promeneurs. Le marché aux fleurs de Paris, qui n'a pas la moitié de l'étendue de notre promenade des Tilleuls, en possède deux. Un seul nous suffirait, et serait, je crois, un ornement très convenable.

Le marché de la place de Bellecour a bientôt fait oublier celui des Célestins ; son succès, sans être éclatant, est incontestable. Le nombre des jardiniers et des plantes a presque doublé; mais, depuis 4 ou 5 ans, il semble qu'il y ait un temps d'arrêt, nous sommes presque stationnaires. Nos jardiniers ont besoin d'encouragement, leur zèle et leur industrie paraissent sommeiller. Pour la réveiller, cette industrie, pour lui rendre toute son activité, je viens vous proposer un moyen qui a été couronné du succès partout où il a été mis en usage : c'est un appel à tous les jardiniers, à tous les amateurs et horticulteurs, de concourir à une exposition publique de fleurs, qui aurait lieu à Lyon, à la fin de mai ou aux premiers jours de juin, comme époque la plus favorable à la floraison d'un grand nombre de plantes.

Cette proposition, précédée de quelques considérations à son appui, et d'une Notice sur les Sociétés d'horticulture, seront le sujet de la suite de ce Mémoire.

L'établissement des Sociétés d'horticulture a eu pour but de s'occuper des sciences agricoles en général, et spécialement des jardins, des fleurs, des arbres fruitiers, des plantes potagères, et de répandre l'instruction théorique et pratique parmi les cultivateurs.

Cette institution a donné naissance aux expositions publiques de fleurs, comme un moyen nouveau, spécial. de les réunir en grand nombre, de les faire connaître, et d'en encourager la culture par des prix, des médailles, ou simplement des mentions honorables.

Ces Sociétés d'horticulture, déjà anciennes en Angleterre, en Hollande, en Belgique, ont donné un grand mouvement au commerce horticole; malheureusement on ne les connaît, en France, que depuis neuf ou dix ans.

Le goût et la culture des fleurs, arbres et arbustes exotiques et indigènes, sont tellement répandus chez nos voisins d'outre-mer, que l'on compte, dans ce moment, plus de cent vingt Sociétés d'horticulture, réparties dans les villes des trois royaumes, qui toutes ont leurs expositions de fleurs, répétées dans plusieurs endroits deux fois l'an, avec distribution de prix de 600, 1,200 et même 1,800 francs.

C'est donc à l'Angleterre, il faut le reconnaître, c'est à ce pays classique de l'agronomie, que nous devons la plupart des nombreuses conquêtes dont notre horticulture s'enrichit tous les jours. Sa marine puissante, le nombre prodigieux de ses vaisseaux et de ses voyageurs qui, depuis deux siècles, explorent toutes les parties du monde, lui fournissent des occasions faciles de se procurer les plantes les plus rares et les plus précieuses. A ces avantages incontestables, il faut ajouter encore, que les fortunes colossales d'un grand nombre d'amateurs aussi instruits que zélés, placés en outre dans les plus hautes classes de la société, leur assurent également les moyens de cultiver et de multiplier tous les végétaux avec un grand succès. Ils ne reculent d'ailleurs devant aucun sacrifice pour se les assurer. Des sommes de trois à quatre cent mille francs sont consacrées à la construction des orangeries, des serres, des conservatoires. Les gages ou salaires des jardiniers en chef, toujours très instruits, sont souvent de la somme de 8, 10 et 12 mille francs. Un essai, même très coûteux, peut-il faire espérer une amélioration? il est aussitôt tenté avec hardiesse : j'ai lu, je ne sais dans quel ouvrage, qu'un riche amateur anglais, appréciant avec raison tous les avantages d'une serre qui jouirait successivement de l'exposition du levant, du midi et du couchant, avait imaginé d'en faire construire une à grands frais, qui tournait sur plusieurs pivots, et lui donnait ainsi la faculté de jouir des trois expositions successives dont je viens de parler.

Nous avons dit que nous devions à l'Angleterre une grande partie des conquêtes dont s'enrichit notre horticulture. M. le duc de Devonshire, qui possède une fortune immense et les plus belles serres de l'Angleterre, vient de se donner la noble jouissance de faire part de ses richesses horticoles à ceux qui savent les apprécier. Il a fait don au Jardin-des-Plantes, à Paris, d'une nouvelle et nombreuse collection d'orchidées exotiques, plantes singulières, dont nous connaissions à peine, il y a deux ou trois ans, neuf ou dix variétés. Ces plantes d'un aspect nouveau, extrêmement difficiles à cultiver, se trouvent, comme les voyageurs et les botanistes nous l'ont appris, dans les forêts chaudes, sombres et humides, mais aérées, des tropiques. Elles poussent sur des troncs d'arbres, sur des arbres morts, et quelquefois à la surface du sol. Des jardiniers en Angleterre, et je crois, M. Neuman au jardin du roi, MM. les frères Celz à Paris, sont parvenus à les élever dans des serres chaudes, un peu humides, en faisant reposer ces plantes sur des morceaux de bois revêtus de leur écorce; d'autres, sur une motte de terre, avec de petits brins de bois pour retenir les racines, et d'autres enfin dans de légers paniers en fils de fer, garnis de mousse humide et suspendus, dans les diverses parties de la serre, par des fils presqu'invisibles. Cette végétation et floraison aérienne de plantes superbes, produit, à ce qu'on assure, un effet admirable.

C'est à Paris, et seulement à la fin de 1827,

que s'est formée la première Société française d'horticulture. Elle comprenait dans son sein un nombre prodigieux d'hommes distingués par leurs vastes connaissances en agriculture, en botanique, en histoire naturelle, en science physiologique et chimique végétale, et beaucoup de praticiens familiarisés avec toutes les théories, et consommés dans tous les genres de culture; accord fort essentiel : car, sans théorie, la pratique est quelquefois insuffisante, elle explique mal les faits; comme aussi, sans pratique, elle peut égarer. Le succès de cette nouvelle institution ne pouvait être douteux, elle trouva les plus nobles appuis; Charles X s'en déclara le protecteur, et, dès son début, elle vit ses efforts, en faveur des progrès de l'horticulture et du jardinage, récompensés par les approbations les plus flatteuses de toutes les Sociétés nationales et étrangères.

Dès que la Société d'horticulture fut organisée, elle nomma des Commissions pour visiter le marché aux fleurs, faire des rapports et accorder des médailles et des encouragemens aux cultivateurs qui se distingueraient par la beauté de leurs expositions; elle invita les Sociétés d'agronomie des départemens à organiser dans leur sein une section spécialement chargée des jardins, des fleurs, et des arbres fruitiers. C'est ce que vous avez fait, Messieurs, l'année dernière, en créant une Commission spéciale qui s'occupe de ces objets.

On reconnut bien vite les avantages de cette heureuse innovation : trois ou quatre villes, Nantes, Lille, Meaux, Angoulême, ont répondu à cet appel et nous ont devancés.

Nous avons vu que les Sociétés d'horticulture étaient déjà anciennes en Angleterre, dans la Hollande et la Belgique, et que toutes leurs villes principales avaient de riches expositions de fleurs, ainsi que des distributions de prix, à diverses époques de l'année. La Société d'horticulture de Paris n'en a eu qu'à la quatrième de sa fondation. Alors seulement, bien persuadée par l'exemple des expositions brillantes qui avaient lieu à Bruxelles, à Anvers, à Gand, de tous les avantages de cette institution, elle arrêta et fit annoncer dans les journaux qu'il y en aurait une au mois de juin 1832, et une semblable tous les ans, à des époques variées. Des prix, des médailles, des encouragemens devaient être accordés aux jardiniers qui se distingueraient par leurs belles cultures.

Le local dont la Société fit choix pour son exposition fut l'Orangerie des Tuileries, sur le quai du Louvre ; elle en fit la demande qui lui fut accordée sur-le-champ. L'intendant de la liste civille mit à la disposition de l'Assemblée tout ce qui est nécessaire à une nombreuse réunion.

Cette exposition eut un grand succès, ainsi que celles qui l'ont suivie, répétées tous les ans, à diverses époques. On en compte déjà huit. Des sociétés nombreuses et distinguées y viennent avec empressement admirer une brillante réunion de plantes exotiques et indigènes. Nous avons assisté à l'exposition de mai 1833; pendant sa durée de 4 à 5 jours, l'affluence fut continuelle : car, outre l'attrait bien suffisant des belles fleurs, de l'élégante toilette des femmes, et la vue de tous les objets d'arts et d'inventions qui se rapportent à l'agronomie, on y accourait encore, comme à un rendez-vous de bon ton et devenu à la mode.

Par les détails dans lesquels je viens d'entrer, j'ai cherché, Messieurs, à vous convaincre de l'avantage qui résulterait pour l'horticulture et nos jardiniers-fleuristes, d'une exposition, à Lyon, des produits de nos jardins, de nos serres et de nos potagers, qui ferait connaître nos richesses, et qui, bien certainement, finirait par les accroître pour l'avenir.

Cette exposition, qui est désirée, ne peut espérer de succès qu'autant qu'elle serait faite sous les auspices et par les soins de la Société d'agriculture. C'est à vous, Messieurs, qui présentez l'heureux assemblage des lumières qui instruisent, unies à un vif attrait pour tout ce qui tient à l'agriculture, de protéger, d'améliorer le sort de nos jardiniers-fleuristes.

En examinant, sous un point de vue un peu superficiel, cette culture floréale et potagère, quelques personnes sont peut-être disposées à la croire un peu futile, à la regarder comme la jouissance privilégiée de l'homme opulent, et, en outre, comme sans importance sous le rapport commercial. Ces personnes sont dans une erreur facile à dissiper. D'abord, en admettant ce qui n'est pas, que l'horticulture soit la jouissance privilégiée de l'homme riche, il faut reconnaître que la Providence a voulu aussi qu'elle fût la ressource du pauvre. Il n'est pas nécessaire, pour se livrer à cette culture, de posséder des capitaux, de vastes terres, ni de nombreux domaines; non : heureusement quelques centaines de mètres peuvent suffire; et nous voyons souvent, autour des grandes villes, un cultivateur-fleuriste actif, intelligent, trouver, dans la modique étendue d'une ou deux bicherées de terrain, des ressources suffisantes pour soutenir sa famille et fournir à ses besoins. Trouverait-il les mêmes avantages dans l'agriculture ordinaire? Non, assurément; il lui faudrait une étendue dix à douze fois plus grande. Ainsi, l'on peut dire que l'horticulture ne diffère de l'agriculture, que par la moindre surface sur laquelle elle s'exerce, par la valeur plus recherchée ou plus précieuse de ses produits, par des essais tentés en petit avec des soins, des procédés particuliers, mais presqu'impossibles, sans frais considérables, à la grande culture, et dont cependant cette dernière finit par s'enrichir. Ainsi, l'agriculture et l'horticulture se prêtent un mutuel appui, et contribuent à la prospérité publique.

Si nous examinons maintenant la seconde considération, celle de son peu d'importance prétendue sous le rapport commercial, il ne sera pas difficile de prouver que les personnes dont j'ai parlé plus haut se trompent encore. Depuis la création de la Société d'horticulture de Paris, et ses expositions publiques, le goût des fleurs et le besoin de se les procurer ont pris un grand développement. Le produit de la vente des plantes du marché aux fleurs de Paris, qui a lieu deux fois par semaine, est très considérable : il s'élève annuellement à plus de *deux millions*. A cette somme il faut ajouter, en outre, toutes les ventes qui ont lieu chez les nombreux horticulteurs marchands des faubourgs de Paris, qui vendent non seulement à la capitale, mais encore aux provinces et à l'étranger.

Voici un second fait, qui n'est pas moins significatif : M. le comte Héricart de Thury a présenté, en mai dernier, un *Essai statistique floréal* à la Société d'horticulture de Paris. Comme président de cette Société depuis dix ans, et comme excellent observateur, il a pu voir et se procurer des renseignemens positifs sur les ventes et sur les locations de plantes destinées à embellir les appartemens et les salons de bal, pendant l'hiver de 1836. M. le comte de Thury, après avoir rappelé, dans son Rapport, qu'il n'y a pas encore bien long-temps, on se contentait, dans les grandes soirées, de quelques vases de verdure et de quelques guirlandes artificielles, ajoute : « Aujourd'hui, ce ne sont plus des fleurs » et des guirlandes semblables qu'il nous faut » dans nos soirées d'hiver; alors que tout est » sous la neige, que tout est couvert de frimas, » ce sont des fleurs véritables, ce sont les plus » belles, ce sont les plus riches trésors de la » corbeille de Flore.

» Ainsi, depuis la porte, depuis l'entrée de la » maison jusqu'au salon de réunion, les cours, » les vestibules, le péristyle, les escaliers, cha- » que pièce enfin, doit offrir un bouquet de » verdure, et à mesure que l'on pénètre dans » l'intérieur, on doit trouver une succession » variée de plantes, d'arbres, d'arbustes et d'ar- » brisseaux de différens feuillages, depuis les » fleurs communes et les plus vulgaires jusqu'aux

» plus rares, suivant que l'on passe d'une pièce » dans une autre. »

M. le comte de Thury a choisi, pour faire ses observations, les huit jours seulement qui se sont écoulés du 23 au 30 janvier 1836. Le prix de la *location* et des ventes des fleurs et arbustes livrés aux bals ou aux grandes réunions, s'est élevé à la somme énorme de 42,600 fr. Voici le compte qu'il en présente; qu'on veuille bien se rappeler qu'il ne s'agit, pour la plupart des objets ci-après, que d'une simple location.

1.° Pour la seule location des caisses et vases de fleurs, arbustes, arbrisseaux, transportés d'un bal à un autre.	10,000 f.
2.° Pour les corbeilles, jardinières et plates-bandes.	6,000
3.° Pour la vente des fleurs de camellias détachées, 250 douzaines . . .	3,600
4.° Pour les bouquets de tête, en fleurs, de coiffure, en camellias choisis, avec fleurs, boutons et feuilles. . .	1,000
5.° Pour 200 vases de beaux camellias fleuris, prix moyen, 10 francs. . .	2,000
6.° Enfin, pour les bouquets de bal, depuis 3 et 5 fr. jusqu'à 10, 12, 15 et 20 fr.; terme moyen, 5 fr. . . .	20,000
Total	42,600 f.

Mlle Prevost, au Palais-Royal, fameuse fleuriste de fleurs naturelles, a vendu jusqu'à 800 bouquets de bals par jour.

Ainsi, le commerce des fleurs, pour les bals et soirées de huit jours, a produit 42,600 fr.

M. le comte de Thury fait observer qu'il n'a point pris la huitaine qui offre le plus de réunion; que, s'il eût choisi la huitaine des jours gras, le produit eût été bien autrement considérable; et, pour preuve, il dit que le mardi-gras seulement, il y avait eu, suivant les rapports faits à la Préfecture de police, 875 bals particuliers et 182 bals publics, ce qui fait un total de 1,075 bals pour ce jour, non compris les bals hors les barrières de Paris.

C'est appuyé sur les faits et considérations ci-dessus, que nous avons eu, Messieurs, la pensée de vous proposer une exposition de fleurs, de nos fruits et même de nos productions potagères, quand ces dernières auront quelque chose de remarquable.

Nous ne comptons pas cependant beaucoup sur un grand succès pour cette première exposition; il faut un commencement à tout. Celle de la ville de Gand qui, par son importance, est la seconde après celle de Londres, a commencé, il y a 18 ans, par une cinquantaine de plantes disposées dans une chétive auberge; aujourd'hui, le nombre dépasse 2,000. Par des souscriptions volontaires, la Société s'est procuré une somme de plus de 200,000 francs, avec laquelle elle a fait élever un bel édifice pour ses séances.

Comme nous l'avons déjà dit, Messieurs, une exposition lyonnaise ne peut espérer de succès que sous vos auspices, par vos soins et vos encouragemens. En conséquence, j'ai l'honneur de vous proposer les dispositions suivantes :

1.° Il y aura, les 2, 3 et 4 juin prochain, sous le patronage et par les soins de la Société d'agriculture, histoire naturelle et arts utiles de Lyon, une exposition publique de fleurs, de fruits, et des produits remarquables de nos potagers. La Société fait un appel à tous les jardiniers, à tous les horticulteurs et amateurs pour concourir à cette exposition.

2.° Par suite de cette Exposition, la Société décernera des prix ou médailles, ainsi que des mentions honorables. Ces récompenses seront accordées aux horticulteurs dans la séance publique du mois de septembre.

Les autres articles seraient trop longs à insérer ici ; votre Commission du marché aux fleurs vous présentera, à la prochaine séance, et soumettra à votre approbation, un Programme détaillé des autres dispositions réglementaires.

Mais, peut-être dira-t-on, où trouver un local

convenable à cette exposition, et à qui le demander? S'il m'est permis de donner mon avis, je dirai que j'en vois deux : l'Orangerie du Jardin-des-Plantes d'abord, et secondement la grande et belle salle de l'Hôtel-de-Ville. Je préférerais même ce dernier endroit, à cause de sa vaste étendue, et comme se trouvant au centre de notre cité (1).

Vous avez vu, Messieurs, avec quelle facilité la Société d'horticulture de Paris obtint l'Orangerie des Tuileries. Avant cette époque, la même Société avait aussi obtenu de M. le préfet de Chabrol la belle salle de St.-Jean, à l'Hôtel-de-Ville. M. le comte de Martignac, alors ministre de l'intérieur, vint lui-même présider l'assemblée qui s'y était réunie. Nous avons donc tout lieu d'espérer que M. le Maire de Lyon, toujours si empressé à faire tout ce qui peut être utile à ses concitoyens, ne nous refuserait pas la salle désignée plus haut.

En terminant cette lecture, je ne puis me défendre d'une triste réflexion; on dit, on répète tous les jours : l'agriculture est la plus

(1) La cour et le jardin du Palais des Arts, à St.-Pierre, seraient également propres à une exposition; mais ce bâtiment est ouvert au public, et contient plusieurs ménages. Comme la Société doit répondre des plantes qui lui seront confiées, il faut que le lieu où elles seront placées puisse se fermer, et soit à l'abri de toute indiscrétion.

noble des sciences, c'est la base fondamentale, c'est la nourrice de l'État, c'est le premier des arts. Mais au peu d'encouragement qu'on lui accorde, aux charges énormes qu'elle supporte, on est tenté de croire que c'est un vain, un stérile compliment qu'on lui adresse, pour se dispenser des secours effectifs qu'on prodigue à d'autres industries qui souvent sont loin d'avoir son importance.

J'appelle donc, Messieurs, toute votre sollicitude sur nos jardiniers-cultivateurs. N'oublions pas en voyant ces brillans végétaux indigènes et étrangers, ces masses de fleurs si gracieuses, aux couleurs si variées, si éclatantes, qui viennent charmer nos yeux et notre odorat, n'oublions pas, dis-je, les soins, les peines, les rudes travaux de ces industrieux cultivateurs, qui n'ont pu les obtenir qu'à la sueur de leur front pendant les ardeurs de l'été, et en bravant dans la mauvaise saison les rigueurs des hivers les plus inclémens.

Cette classe de citoyens se recommande par sa bonne conduite, son instruction et sa moralité. Tout entiers à leurs travaux, ce n'est pas eux que l'on voit figurer dans nos troubles publics. Un des premiers journaux de la capitale, en rendant compte de la dernière exposition de la Société d'horticulture de Paris, disait :

« S'il est au monde une race pacifique et inof» fensive, c'est assurément celle des jardiniers. » Il faut y comprendre les horticulteurs pra» ticiens, qui, sans travailler de leurs mains, » aiment la culture des plantes d'utilité ou d'a» grément, et se procurent cette jouissance, en » faisant travailler sous leurs yeux. Ce ne sont » point ces gens là qui ont été aux barricades et » qui font les révolutions. Un roi, qui n'aurait » pour sujet que des horticulteurs, serait le mo» narque le plus heureux de la terre. Je suis » certain qu'en ce moment, les trois quarts des » amateurs de jardins et des jardiniers, ignorent » sous quel ministère nous avons le bonheur de » vivre. La grande nouvelle pour eux est la » variété de dalhia, obtenue par M. le docteur » Marjolin, ou par M. Deschiens, la remon» tante ou la noisette de M. Desprez, ou la belle » tulipe qui a fleuri dans les parcs de M. Tripet » ou de M. Pirolle. Ils préfèrent les annales du » jardinier amateur de ce dernier, recueil aussi » spirituel qu'utile, à la lecture du meilleur jour» nal politique (1)!! »

Protégeons donc et encourageons les jardiniers.

(1) Annales des jardiniers amateurs, par M. Pirolle, ancien rédacteur de *l'Almanach du bon jardinier*, rue de Savoie, n.° 24, à Paris. Elles paraissent une fois par mois. Prix pour les départemens : 12 fr. par an.

Si le hasard nous en a donné un zélé et intelligent, qui aime à s'instruire, il faut seconder ses efforts, l'aider de nos lumières, et, par de bons ouvrages, contribuer à accroître ses connaissances. Soyons surtout accessibles et affables pour lui, ne le traitons pas comme un obscur mercenaire. Le grand roi qui savait apprécier et récompenser tous les genres de mérite, Louis XIV, après avoir entretenu Turenne ou Colbert, s'entretenait avec Laquintinie, et se plaisait souvent à façonner un arbre de sa main. Il traitait encore avec plus de faveur un autre jardinier, il se laissait embrasser par lui lorsqu'il avait fait une absence un peu longue. Il est vrai que ce jardinier était un grand homme, c'était André Lenotre (1)!

(1) Voici comment la Biographie de Michaud, tome 24, article *Lenotre*, rend compte de ce fait : Lenotre obtint du roi la permission de voyager en Italie, pour y acquérir de nouvelles connaissances. Il se rendit à Rome, où le pape Innocent XI lui fit l'accueil le plus distingué. Ce pontife lui accorda une audience particulière, dans laquelle il se fit montrer tous les plans de Versailles, dont il ne put s'empêcher d'admirer la richesse. Sur la fin de l'audience, Lenotre, transporté d'un tel accueil, s'écria : « Je ne me soucie plus » de mourir, j'ai vu les deux plus grands hommes du monde, » Votre Sainteté et le Roi mon maître. — Il y a une grande » différence, répondit le Pape : le roi est un grand prince » victorieux ; je suis un pauvre prêtre, serviteur des serviteurs » de Dieu ; il est jeune et je suis vieux. » A cette réponse,

Avec le développement que prend chaque jour le goût pour l'horticulture, Lyon, la seconde ville du royaume, ne peut manquer de s'y associer. Quelque temps encore, et nous aurons une Société d'horticulture. C'est à vous, Messieurs, que l'on devra de l'avoir eue plus tôt. Cette dernière Société, quand elle existera, réunie à la Société d'agriculture et à la Société Linnéenne, présentera une masse, un faisceau de lumières agronomiques, horticulturales et botaniques, qui ne nous laissera rien envier aux départemens les plus favorisés.

Lenotre, oubliant à qui il parlait, frappa sur l'épaule du Pape, en lui disant : « Mon Révérend Père, vous vous portez » bien, et vous enterrerez tout le sacré collége. » Innocent XI ne put s'empêcher de rire; alors Lenotre, n'étant plus maître de ses transports, se jeta au cou du Saint-Père et l'embrassa.

De retour chez lui, il se hâta d'écrire ce qui venait de se passer à Bontemps, premier valet de chambre du Roi. La lettre fut lue à Louis XIV, à son lever. Le duc de Créqui, présent à cette lecture, voulait gager mille louis que la vivacité de Lenotre n'avait pu aller jusqu'aux embrassemens. « Ne » pariez pas, répondit le roi : quand je reviens d'une campa- » gne, Lenotre m'embrasse; il a bien pu embrasser le Pape. »

PROGRAMME

D'UNE

EXPOSITION DE FLEURS

ET D'AUTRES PRODUITS DE L'HORTICULTURE.

La culture des jardins, tant fleuristes que potagers, ainsi que la bonne tenue des vergers, constituent, dans les environs d'une grande ville, un objet très intéressant d'économie rurale.

En ce genre d'industrie agricole, nos marchés offrent beaucoup moins de richesses que ceux d'autres villes moins importantes que la nôtre.

Ce fut pour provoquer une amélioration depuis long-temps désirée, que la Société proposa d'honorables récompenses aux jardiniers et aux pépiniéristes qui présenteraient les plus beaux produits. Son appel fut entendu : elle a distribué plusieurs médailles d'encouragement.

L'amélioration a commencé, il importe d'en accélérer les progrès. Dans ce but, la Société a pris la détermination qui suit :

1.° Il y aura, les 2, 3 et 4 juin prochain, au Jardin-des-Plantes, une exposition de végétaux à fleurs, tant indigènes qu'exotiques, de serres ou de pleine terre, fleuris ou non; ainsi que de fruits de jardins ou de vergers, et de légumes remarquables par leur nouveauté dans nos pays, leur précocité, leur conservation après avoir été cueillis, toutes leurs autres qualités.

2.° La Société décernera des Médailles d'or, des Médailles d'argent, des Mentions honorables aux cultivateurs qui auront présenté les plus belles plantes. On prendra en considération le nombre des objets exposés, la perfection et la difficulté de la culture.

3.° Les exposans feront adresser leurs produits à l'Orangerie du Jardin-des-Plantes, le 1.er juin au plus tard, veille de l'exposition; ils remettront une liste exacte de leurs plantes admises à l'Exposition; chacune d'elles sera signalée par une étiquette bien lisible, portant son nom scientifique, son nom vulgaire, et le nom du propriétaire, si celui-ci a jugé à propos de se faire connaître. Un Commissaire de la Société délivrera une reconnaissance de tout ce qui aura été remis.

4.° Une Commission de la Société disposera les produits présentés dans l'ordre qu'elle jugera le plus convenable, elle veillera à ce qu'ils reçoivent tous les soins de conservation nécessaires.

5.° L'exposition s'ouvrira les jours indiqués, à onze heures du matin, et sera close à sept heures et demie du soir; on n'entrera que par billets dans le lieu de l'exposition.

6.° Une Commission de neuf membres, non compris le Président et le Secrétaire, qui, par délibération de la Société, agira en qualité de jury, prononcera sur les objets exposés, elle signalera les agriculteurs qui auront mérité des médailles ou des mentions honorables.

7.° Seront, en outre de ce qui a été ci-dessus spécifié, admis à l'exposition :

Les livres, avec gravures, sur les flores, les jardins fruitiers, ceux d'agrément, de botanique tant générale que particulière ;

Les divers instrumens d'horticulture, tels que greffoirs, cisailles, échenilloirs, croissans à élaguer, etc.;

Les meubles d'horticulture, tels que corbeilles, chaises, bancs de jardins, pourvu que ces instrumens et ces meubles soient remarquables sous quelques rapports.

8.° La distribution solennelle des récompenses aura lieu, en séance publique, dans le local même de l'exposition, le lundi 5 juin, à l'heure qui sera ultérieurement indiquée, et ce ne sera pas avant l'issue de cette séance que les exposans, couronnés ou non, pourront retirer ce qu'ils auront présenté.

JURIE, *Président.*

GROGNIER, *Secrétaire.*

Les membres du Jury de l'Exposition sont, avec le Président et le Secrétaire, MM. LACÈNE, SERINGE, HENON, DUGAS, HAMON, MULSANT, MAGNE, GRANDPERRET et THIAFFAIT.

DISCOURS

DE

M. le Préfet,

PRÉSIDENT D'HONNEUR.

Messieurs,

En visitant, il y a peu de jours, l'Exposition dont vous allez couronner les produits; en écoutant les explications qui m'étaient données avec tant d'indulgence et de modestie par les juges de cette lutte pacifique, je comprenais combien ma tâche serait difficile aujourd'hui.

Sans doute, Messieurs, si j'avais pu retenir leurs paroles, vous initier aux curieux détails que provoquait mon admiration, je serais certain de fixer votre attention et de réveiller des sources puissantes d'intérêt; mais aux maîtres seuls est réservé l'heureux privilége de donner vie à la science, et vous me reprocheriez de me parer à vos yeux d'une érudition d'emprunt. Toutefois, lorsqu'on examine avec un soin religieux ces variétés innombrables d'une même espèce, lorsqu'on se voit entouré de toutes ces richesses du règne végétal que la nature multiplie dans tous les climats, sous toutes les latitudes, comme pour parer le temple qu'elle s'élève, on sent qu'un attrait mystérieux se cache dans l'éducation des plantes, et que la science seule serait incomplète pour en jouir.

Pourquoi un vague instinct nous ramène-t-il, après les orages de la vie, vers ce petit coin de terre qu'une secrète prédilection désigne à nos soins? Autour de la chaumière du pauvre, auprès de l'habitation somptueuse du riche, ne voyez-vous pas le jardin de l'un, le parc de l'autre, asile où tous les deux viennent demander la paix et le repos? Croyez-vous que les jouissances soient moins vives dans les allées modestement encadrées par la lavande odorante, que sous les vastes ombrages que mille nuances de verdure savent diversifier?

Pour moi, Messieurs, je le dis sans hésiter: l'horticulture aurait encouru tous les reproches de futilité qu'on lui adresse, si elle ne s'exerçait qu'à grands frais de serres chaudes, d'appareils, et si elle ne pouvait fleurir que sous un soleil factice qu'elle essayera toujours vainement de dérober aux tropiques ; mais il n'en est point ainsi.

L'horticulture est la dernière passion du sage.

Lorsque l'heure des illusions s'est enfuie, l'éducation des plantes, le soin des végétaux deviennent une source toujours variée d'émotions qu'aucune déception n'émousse. Heureux celui qui a appris à interroger ce livre plein de mystères, et qui peut profiter des lumières des savans ! Mais heureux encore celui qui se livre, sans autre guide qu'un cœur simple, à l'étude des phénomènes que la Providence accumule quelquefois sur la tige fragile d'une fleur ou d'un arbuste ! Pour lui tout est miracle : tantôt c'est une espèce inconnue qu'il va devoir à la cohabitation féconde de deux plantes fraternelles ; tantôt des semis livrés aux vents éclosent sous des couleurs extraordinaires, et dans son enthousiasme, il salue d'un nom chéri la variété dont il se croit presque créateur. Qui de nous n'a conservé la mémoire d'une plante, d'un arbre, qui se lie à nos souvenirs d'enfance, ou à quelque circonstance saillante de la vie ? Un parfum indicible, une forme inaperçue de tous, suffit pour ranimer à l'instant mille sympathies éteintes ! Pour l'horticulteur, ces sympathies sont de tous les jours ; ces affections, ces souvenirs, lui forment une sorte de société, au milieu de laquelle il vit, et qu'il trouve toujours paisible et bienfaisante pour l'âme.

Enfin, Messieurs, lorsqu'à force de soins et de sacrifices, il est parvenu à acclimater une de ces productions que les terres lointaines semblaient nous refuser; lorsque bientôt il la voit se multiplier et orner tous les jardins dont elle devient la merveille, n'a-t-il pas fait quelque chose pour le bien-être, pour le bonheur de ses semblables? Pour ne citer que le fait le plus connu, qui ne se souvient d'avoir vu briller pour la première fois dans nos parterres, cette belle fleur qui portait le nom d'une reine, et qu'aujourd'hui l'on dédaigne à l'égal de ses sœurs indigènes? De pareilles conquêtes ne laissent après elles ni craintes, ni regrets; et, si les échanges de l'industrie font disparaître peu à peu les barrières qui séparent les hommes, ne peut-on pas en dire autant de ces émigrations mutuelles de plantes et d'arbustes qui transportent la vigne des bords du Rhin, sur les coteaux à peine défrichés de l'Amérique, et repeuplent nos montagnes arides avec ces familles nombreuses de pins du Nord?

Il est un autre point de vue qui dans cette enceinte, trouvera, je l'espère, quelque faveur. Je veux parler, Messieurs, de l'appui que l'horticulture prête au culte des arts.

L'imitation des fleurs s'est élevée à une telle perfection par une foule de procédés ingénieux, qu'on ne saurait plus exclure du sanctuaire des arts ceux qui s'y livrent avec tant de succès. La peinture n'est point seule à payer ce tribut. La cire s'amollit sous des doigts habiles, et prend les formes les plus légères. Les tissus les plus fins se découpent en pétales transparens, et la mode s'en empare avec orgueil.

L'industrie dont nous sommes fiers emprunte aussi, à l'imitation des fleurs, une partie de ses prestiges et de ses succès.

Ce tact ingénieux, cette vue exquise qu'on appelle le goût, et qui marche à l'égal du génie dans les arts, qu'est-ce autre chose que l'étude de la nature dans ses harmonieux rapprochemens, dans ses heureuses combinaisons de formes et de couleurs ?

Ainsi, lors même que l'horticulture languirait étouffée sous les calculs d'un siècle qui semble n'avoir d'hommages que pour ce qui est utile, à ce titre même, elle demanderait vos encouragemens.

Mais pardonnez moi d'avoir supposé qu'à l'aspect de ces fleurs si variées, au milieu de ces parfums, dans cette réunion enfin qui rapproche tout ce qui sait charmer et plaire, il se trouverait quelqu'un pour s'écrier à son tour : Qu'est-ce que cela prouve ?

La même communauté de sentimens qui a créé, l'année dernière, une Société des amis des arts, qui s'éveillait en faveur des ouvriers malheureux au bruit de la danse, aux sons plus graves des concerts, qui, dans quelques jours, va vous ramener dans cette enceinte transformée par la bienfaisance en palais de fées, cette sympathie éclate aujourd'hui pour l'exposition d'horticulture, et la prend désormais sous sa protection.

Que nos amateurs de jardins, nos jardiniers, nos cultivateurs, dont je n'ai pas voulu vous révéler les noms avant qu'ils fussent proclamés, jouissent donc du résultat que nous devons à leur zèle. Ces efforts ne seront pas stériles : je n'en veux pour garant que la bienveillante attention que vous m'avez prêtée, et dont je vous remercie.

DISCOURS

DE

M. Jurie,

PRÉSIDENT ORDINAIRE.

Messieurs,

Le spectacle brillant et gracieux qui, pendant quelques jours, a attiré la foule dans cette enceinte, la solennité qui nous y réunit aujourd'hui, tout cet appareil de fête, nouveau dans cette cité, depuis long-temps dans l'Angleterre, la Hollande et la Belgique, depuis quelques années à Paris et dans quelques villes de nos provinces du Nord et de l'Est, excite l'intérêt du public, provoque l'émulation et les naïves jouissances des amis de l'horticulture.

La Société royale d'agriculture et arts utiles de Lyon, appliquée plus spécialement à diriger, à favoriser les perfectionnemens de ces branches principales de l'art agricole, qui doivent procurer à la Société ses grands moyens de subsistance, n'avait point oublié dans ses encouragemens cette partie intéressante de l'art, qui s'occupe à satisfaire des besoins moins graves, à procurer des jouissances plus délicates. L'horticulture, qui couvre nos jardins potagers de légumes savoureux, qui charge nos vergers de fruits exquis, qui émaille nos parterres des plus brillantes couleurs et les parfume des plus suaves odeurs, l'horticulture avait toujours été pour la Société un objet particulier d'intérêt et de soins. — Déjà elle comptait parmi ses Membres des hommes distingués par leur amour, leurs connaissances, ou leur pratique de l'art horticole; et les listes de ses candidatures ont reçu les noms des jardiniers les plus habiles qui, à ce titre, ont droit de lui appartenir.

A diverses époques, pour faciliter les progrès, et rendre plus communes et plus populaires les théories qui les assurent, la Société répandit parmi les agriculteurs les publications les plus propres à leur être utiles. C'était l'admirable *Traité* de Buttret, *sur la pratique raisonnée de la taille des arbres fruitiers;* c'était celui de notre confrère M. Dupuits de Maconet, *sur la culture des melons;* c'étaient des instructions, par M. Henon, sur les avantages que la culture artificielle, à l'aide des serres et des baches, peut procurer aux jardiniers voisins d'une grande ville; c'étaient d'autres opuscules du même genre.

Déjà aussi par des médailles d'encouragement, distribuées dans des séances moins solennelles que celle de ce jour, la Société avait stimulé le zèle et reconnu les efforts de nos horticulteurs les plus distingués, de ces laborieux et intelligens jardiniers qui approvisionnent notre marché aux fleurs, qui fournissent à l'opulence ces élégans arbrisseaux à brillantes corolles dont elle décore ses salons, au pauvre artisan ces odorantes labiées qui réjouissent son humble échoppe.

Ainsi, Messieurs, la Société d'agriculture préparait, dès long-temps à l'avance, l'époque où, sans craindre de les exposer à de trop décourageantes comparaisons, elle pourrait appeler nos horticulteurs à montrer au grand jour d'une exposition publique les productions de leur art : *de cet art du jardinage*, *de cet art charmant*, dit Linnée, *né du travail le plus opiniâtre et de la plus intelligente industrie*.

Mais il fallait attendre l'à-propos; c'est lui qui, dans la plupart des entreprises, détermine le succès.

Le moment a paru favorable pour faire ressortir les talens de nos horticulteurs, et pour leur inspirer confiance en eux-mêmes pour l'avenir.

Depuis quelques années, le goût des fleurs s'est accru parmi nous; il s'est répandu dans toutes les classes des habitans de cette vaste cité. L'état de nos marchés l'atteste.

On dirait qu'à mesure que l'activité du commerce et de l'industrie accumule la population en agglomération plus compacte ; à mesure que les masses de verdure de nos pittoresques coteaux disparaissent sous les masses de ces constructions qu'élève , nous n'osons dire le goût de l'architecture , mais l'ardeur de l'entreprise et de la spéculation , on dirait que le besoin de retrouver , de contempler des traces de la végétation qui s'éloigne , se fait sentir plus nécessaire et plus impérieux.

Un honorable confrère qui , par son goût reconnu , par ses connaissances spéciales , fait autorité en matière pareille , proposa d'ouvrir , dès cette année , l'exposition des fleurs et des produits de l'horticulture.

Cette proposition fut accueillie par la Société entière avec un empressement qui témoignait non seulement de la confiance qu'inspirait l'expérience de son auteur , mais plus encore de cet ascendant que les plus douces et les plus aimables vertus sont toujours sûres d'exercer en toute occasion.

M. Lacène osa garantir un succès qui paraissait encore douteux; il nous rassura contre les craintes que nous inspirait la rigueur inaccoutumée d'une température glaciale qui semblait vouloir priver l'année de son printemps , et qui a contrarié la marche ordinaire de la végétation , à tel point que , dans ces cérémonies de la religion qui , ces jours passés, se sont développées avec tant de calme et de majesté au sein de cette cité catholique, la piété n'a pas trouvé une rose pour l'effeuiller sur les parvis du temple.

L'Exposition fut donc décidée.

Mais quelle fut alors notre surprise !

A peine quelques jours se sont écoulés, entre celui où l'annonce a été publiée et celui où l'ouverture a eu lieu; nos jardiniers, nos horticulteurs ont été pris en quelque sorte à l'improviste, le temps leur a manqué pour faire ces préparatifs qui, d'ordinaire, préludent aux succès, et cependant quelles richesses végétales sont sorties de leurs serres, de leurs jardins!

Nos espérances, nos prévisions ont été dépassées soit par le nombre, soit par la beauté ou la rareté des plantes, qui sont venues remplir cette enceinte de la plus admirable décoration.

Nous pouvons le dire, Messieurs, cette Exposition improvisée est plus glorieuse pour nos agriculteurs, que ne le seront d'autres plus brillantes qui la suivront sans doute : elle a mis en évidence leur goût, leur science, leur habileté ; elle a donné la mesure de leurs talens particuliers, elle les a fait voir entourés de leurs propres richesses; elle doit leur faire sentir ce qu'ils doivent avoir, la confiance d'entreprendre.

Messieurs, en encourageant la culture des

plantes rares et exotiques , la Société d'agriculture a la conviction qu'elle remplit encore une des conditions que son double titre lui impose. Non, ce n'est point seulement à procurer à nos sens d'agréables et pures sensations, que se borne parmi nous la culture des fleurs; à Lyon, c'est un *art utile*, *nécessaire*, *indispensable*. Oublierions-nous que c'est à l'imitation de ces admirables modèles, formés par la nature, que notre grande industrie doit cette supériorité qu'aucune concurrence étrangère n'a pu encore lui enlever ?

N'est-ce pas en étudiant leurs formes si variées, en imitant les nuances si délicates de leurs corolles, que se forme parmi nous cette école d'artistes que le reste de l'Europe nous envie, et dont le génie habile à combiner des dispositions nouvelles de forme ou de couleur , ne semble inépuisable que parce qu'il s'alimente sans cesse de l'étude et de l'observation des combinaisons infinies de la nature dans la forme ou la stucture des plantes?

Ainsi, Messieurs, tout se lie, et cette journée où nous récompensons de leurs travaux , de leurs talens, nos bons et intéressans jardiniers, en imprimant à la cultûre des fleurs, dans cette cité, une impulsion nouvelle , peut-être prépare-t-elle à l'avenir de notre riche et brillante industrie une ère nouvelle de gloire, de succès et de prospérité ?

DÉCISION DU JURY.

Messieurs,

C'est à notre excellent confrère Lacène que nous devons l'heureuse idée de la solennité qui nous réunit dans cette enceinte. Dès long-temps il en avait conçu le projet, et à peine l'eut-il communiqué à la Société, qu'elle s'empressa d'entrer dans ses vues, et qu'elle décida qu'une première Exposition de fleurs, et en général de tout ce qui a rapport à l'horticulture, aurait lieu. Une Commission fut chargée de lui faire un rapport pour les dispositions à prendre à cet égard, et bientôt un Jury, formé dans son sein, fut établi pour décider du mérite des collections qui lui seraient envoyées et fixer les récompenses ou encouragemens à donner.

Les membres de la Société, désignés pour composer ce Jury, sont, avec M. le Président et M. le Secrétaire-général :

MM. Lacène,
Seringe,
Henon,
Dugas,
Hamon,
Mulsant,
Magne,
Grandperret,
Thiaffait.

M. le Maire s'est empressé de répondre aux désirs de la Société, en accordant l'Orangerie du Jardin-Botanique, comme le local le plus convenable à l'exposition ; elle a été réparée par ses ordres.

M. le Préfet, en venant présider cette séance, a donné une nouvelle preuve de l'intérêt qu'il porte à l'horticulture, et la Société d'agriculture de Lyon le prie de vouloir bien en agréer tous ses remercîmens.

Elle me charge aussi d'offrir à M. le Lieutenant-général sa reconnaissance, de ce qu'il a mis à sa disposition une garde d'honneur et la musique de l'un des régimens, mais surtout de ce qu'il a bien voulu assister à cette réunion.

La mauvaise saison, trop long-temps prolongée cette année, avait fait craindre à la Société que MM. les horticulteurs ne pussent pas dignement répondre à l'appel qu'elle leur faisait ; mais elle n'a que de vifs remercîmens à leur témoigner, non seulement de l'empressement qu'ils ont mis à seconder ses vues, mais encore aux belles collections qu'ils ont présentées. Une cause, autre que celle du mauvais temps, a encore privé MM. les exposans d'apporter autant de plantes qu'ils l'auraient désiré, c'est le bref délai qui leur a été donné pour se préparer ; mais, malgré ces deux difficultés, nous n'avons qu'à nous louer de leur zèle.

696 plantes ont été envoyées par 23 exposans, dont voici la liste alphabétique :

MM.	Armand,	M. Guillot père,
	Beluze,	Jardin-Bot. de Lyon.
	Benoît,	MM. Jogand,
	Bourgeois,	Lacène,
	Bouchard-Jambon,	Martin-Burdin,
	Boucharlat,	Mille,
	Carrier,	Nérard,
	Couderc,	Richard,
	Courle,	Retournard,
	Dugas,	Sédy,
	Galtier,	Tissier.
M.me	A.tte Guillot,	

Parmi les exposans, quelques-uns sont membres de la Société d'agriculture; ils ont désiré ne point être portés sur la liste des concurrens. Nous n'avons pu le leur refuser pour cette année; mais il est probable qu'à l'avenir cette faculté ne leur sera pas accordée : car, alors, plusieurs horticulteurs zélés se trouveraient exclus du concours, et ils se verraient privés de l'encouragement qu'auraient mérité leurs travaux.

D'après le désir de trois de nos confrères, M. Bouchard-Jambon, le Directeur du Jardin-Botanique, M. Lacène, il ne nous reste donc plus que 20 concurrens.

Si trois des exposans, membres de cette Société, s'excluent du concours, permettez-moi, Messieurs, de vous entretenir un instant de ce qu'ils nous ont envoyé. Le Jury, n'ayant pas été appelé à prononcer sur leur collection, je les mentionnerai dans l'ordre alphabétique.

La première collection qui se présente est celle de M. Bouchard-Jambon; elle offre particulièrement un *Cafeyer* très vigoureux, un magnifique *Lasiopetalum tomentosum*, un très brillant *Verbena melindres*, un *Azalée de l'Inde* et de fort belles *Giroflées*

Le Jardin-Botanique a exposé une nombreuse collection de *Cactus*, et autres plantes grasses; en outre, une belle *Passiflora* voisine de la *Kermesina*, deux très beaux individus fleuris de *Begonia heracleæfolia*, deux *Albuca alba*, bien en fleurs; en outre, un *Stipa pennata*, qui croît dans nos environs, qui a été donné par M. Millet, et dont les espèces d'aigrettes plumeuses servent à orner les chapeaux des dames, un *Ranunculus parnassifolius*.

La collection qu'a présentée notre confrère Lacène, outre l'excellent choix d'objets qu'elle offre, se distingue par un très grand nombre de végétaux en fleur. Les individus qui la composent, sont à signaler non seulement par leur grande dimension, mais encore par leur fraîcheur. Dans le nombre se remarquent :

Diosma ericoides, *Rhododendron Ponticum*, *Magnolia fuscata*, *Mimosa paradoxa*, *Heliotropium grandiflorum*, d'une grandeur prodigieuse, *Rosa Banksiæ*, *Lasiopetalum solanaceum*, *Azalea calendula*, *A. exquisita*, *Sophora tetraptera*, *Glycine Sinensis*. On y remarque encore un grand nombre de très beaux et rares *Pelargonium*, et une *Rose pompon*, d'un blanc virginal à peine rosé, et d'une admirable fraîcheur.

Après avoir mentionné les trois collections qui nous entourent dans ce moment, je passe, Messieurs, à celles qui font l'objet du concours; elles sont déposées aujourd'hui, faute de place, devant cette Orangerie.

La première collection, qui par son importance a fixé tous les regards des connaisseurs, est celle que vous ont présentée MM. CHARLES-MARTIN BURDIN et C.ie, dont les serres et les pépinières sont à Vaise.

Elle se compose de 133 individus, tous dans un très bel état de végétation. Dans ce nombre, se distingue un fort élégant *Araucaria Cunningahmi*, remarquable par son magnifique embranchement, son feuillage d'un vert tendre, nuance rare dans la famille des conifères, à laquelle il appartient; c'est la pièce la plus précieuse de l'Exposition.

Sans vouloir trop vous fatiguer d'une aride

nomenclature, permettez-moi cependant, Messieurs, de vous indiquer quelques-uns des végétaux très remarquables d'une collection qui offre un très bel ensemble.

Je dois donc, en outre, citer :

Pterospermum platanifolium, *Pinus Nepalensis*, *Magnolia pumila*, *Oxalis floribunda*, *Elychrysum variegatum*, *E. globiferum*, *E. spectabile*, *Araucaria Brasiliensis*, *Evonymus Japonicus variegatus*, *Abies Fraseri*, plusieurs très beaux *Erica*, plus de 20 très beaux *Pelargonium*, parmi lesquels se distingue encore le *P. olympicum*. On y remarquait en outre l'*Aracacha esculenta*, *Rhododendron giganteum* (en bouton), 4 variétés de *Petunia*, *Erinus lychnis*, *Calceolaria pendula*, avec ses grosses fleurs applaties prélevées de ses belles taches pourpre sur un fond jaune.

Viennent ensuite deux collections, qui nous ont paru tellement de même valeur, que le Jury les a mises sur la même ligne. L'une offre en tête le magnifique *Bromelia Zebrina* dans tout l'éclat de sa floraison; c'est vous dire qu'il appartient à M. Sédy de St.-Just. On remarque encore, dans cet ensemble de plantes rares, un très beau *Pandanus odoratissimus*, *Dracœna arborea*, un superbe *Theophrasta arborea*, un *Taxus macrophylla*, *T. elongata*, *Abies pumila* (en boule) greffé, *Pæonia arborea* en fleur, 4 belles espèces de *Pothos*, 3 très beaux *Azalea*, un grand *Acacia sempervirens* en fl. et fr., *Bignonia venusta*, etc.

La collection, qui fait parfaitement pendant à celle-ci, appartient à M. Guillot père, dont l'établissement est situé à la Guillotière. Parmi de beaux et nombreux végétaux, se distingue une collection de 30 variétés d'*Azalea*, riche dans sa floraison et les nuances infinies qu'elle présente. On remarque en outre :

Hakea amplexicaulis, *Pinus Canariensis* (très fort), *P. palustris*, *Croton Noix de Bancoul* (de 4 pieds), *Carolinia princeps* (de 4 pieds), *C. insignis* (3 pieds), *Musa coccinea* (de 5 pieds, en bouton), *Bromelia Careyana*, *B. coccinea*, *Evonymus aureus*, *Acacia Sterazia* (6 pieds), *Banksia ericoides* (4 pieds), etc., etc.

La quatrième collection, que nous avons à examiner, appartient à M. Mille, demeurant à la Boucle ; ce n'est pas tant par le grand nombre d'objets que cet horticulteur a présentés, que par la beauté et la fraîcheur de floraison de ses plantes.

La cinquième série, qui doit prendre rang ici, appartient à M.me Antoinette Guillot.

Elle se distingue surtout par un

Rhodendron arboreum, *Daïs cotinifolia*, *Elychrysum atropurpurum*, *etc.*, *etc.*

La sixième appartient à M. Couderc, on y remarque de belles plantes, telles que

Acacia hispidissima, *A. conspicua*, *A. heterophylla*, *Eucalyptus falcata* (gr. pied), *Banksia plumosa*, *Laliopetalum solanaceum var* (très beau), de beaux *Pelargonium*, un *Bryophyllum calycinum* (en fleur).

La septième collection appartient à M. Nérard. Elle est remarquable par un

Ulex Europæus à fleur double, *Dombeya ferruginea*, de beaux *Azalea*, une collection de cinq belles variétés de *Mimulus*, etc., etc.

Les collections, qui suivent dans leur rang d'intérêt, sont celles de

MM. Armand,	Courle,
Jogand.	Benoît.
Bourgeois,	

Les autres ne vous ont été présentées, MM, que pour faire acte de bienveillance pour cette fête et nullement avec l'espoir d'obtenir des récompenses; cependant je dois citer les belles variétés de pensées qu'a exposées M. Tissier, et surtout l'*Orchis morio* double de M. Galtier, exemple unique de duplicature dans cette famille.

Je ne puis omettre non plus de mentionner les beaux et rares ouvrages de botanique qu'ont exposés MM. Duquaire et Roffavier, livres què ces deux Messieurs possèdent seuls dans cette ville.

J'ai encore à citer une table de jardin faite par M. Etienne Biolay, l'un des jardiniers de cet établissement.

Voici, Messieurs, le résumé des travaux du Jury :

à M. Ch.-Martin Burdin et C.e, Médaille d'or.

à M. Guillot père, }
à M. Sedy, } chacun une 1re Médaille d'arg.

à M. Mille, une 2.me Médaille d'argent, à cause de ses belles cultures.

à M.me Guillot, une Médaille de bronze.

à M. Couderc, une Médaille de bronze.

à M. Nérard, une Médaille de bronze.

à M. Galtier, une Médaille de bronze pour l'*Orchis* double qu'il a donné au Jardin-Botanique.

à MM. Armand,
Jogand,
Bourgeois,
Courle,
Benoît, } chacun une mention honorable.

Là se termine, Messieurs, la tâche que vous avez imposée à votre Jury. Il lui reste cependant encore à témoigner à MM. les exposans combien il est reconnaissant du zèle qu'ils ont mis dans l'envoi et le choix de leurs collections, nombreuses en espèces et en beaux échantillons, et à les engager à redoubler de zèle, afin que la prochaine Exposition soit toujours plus digne de chacun d'eux et de l'intérêt qu'un public nombreux a montré, en se pressant en foule dans cette enceinte.

Lyon, 5 juin 1837, à 4 heures du soir.

Et ont signé les membres du Jury de l'Exposition des fleurs : JURIE président et GROGNIER secrétaire de la Société, LACÈNE, HENON, DUGAS, HAMON, MULSANT, MAGNE, GRANDPERRET, THIAFFAIT, et SERINGE secrétaire du Jury.

FIN.

www.ingramcontent.com/pod-product-compliance
Ingram Content Group UK Ltd.
Pitfield, Milton Keynes, MK11 3LW, UK
UKHW022135260726
13993UKWH00003B/1449

9 782329 326580